www.ingramcontent.com/pod-product-compliance
Lightning Source LLC
Chambersburg PA
CBHW030712220526
45463CB00005B/2010
* 9 7 8 1 6 8 7 5 5 9 3 2 6 *